我决定，不再受人摆布：

高敏感人群摆脱精神内耗的 64 个技巧

［日］凉太　著

李东芝　译

U0336601

机械工业出版社

CHINA MACHINE PRESS

该说些什么呢

琐碎的事儿

3

4

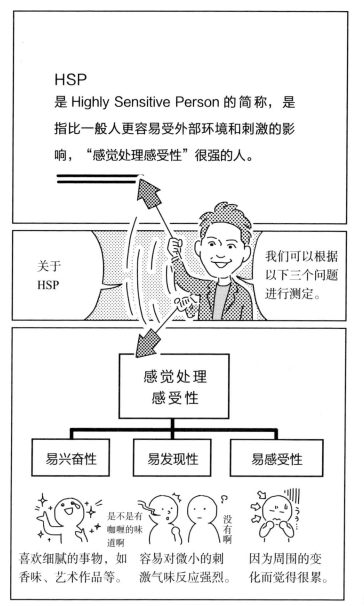

HSP
是 Highly Sensitive Person 的简称，是指比一般人更容易受外部环境和刺激的影响，"感觉处理感受性"很强的人。

关于 HSP

我们可以根据以下三个问题进行测定。

感觉处理
感受性

易兴奋性

易发现性

易感受性

是不是有咖喱的味道啊

没有啊

喜欢细腻的事物，如香味、艺术作品等。

容易对微小的刺激气味反应强烈。

因为周围的变化而觉得很累。

简单来说，HSP 就是"容易受到周围影响和刺激的人"。

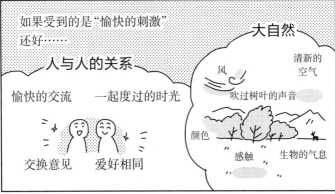

如果受到的是"愉快的刺激"还好……

人与人的关系

愉快的交流　　一起度过的时光

交换意见　　爱好相同

大自然

清新的空气

风

吹过树叶的声音

颜色

"感触"　生物的气息

但同样，他们也很容易受到"让人不愉快的刺激"，因此他们经常感觉很累，回到家以后精疲力竭。

臭味

谩骂　　恶意

嫉妒　　愤怒　　挖苦

强光　　牢骚　　噪声

这样啊！

诶~

在现代社会，即使是普通的日常生活，也会让人感受到各种各样的刺激。

很辛苦吧!?

HSP 的特征

① 容易发现环境中细微的变化。

② 容易受人影响，觉得很累。

唉~

③ 情绪起伏大，容易共情。

闪闪发光

无感

④ 深入地思考问题。

嗯~

比如，一般情况下，

人们不怎么会注意到的地方。

HSP 注意到
*特征①

陷入深思

直接捡起来会弄脏手。

直接绕过去吗？

附近有洗手的地方吧？

*特征④

满足以上四个特征的人就是 HSP。HSP 并不是少数派，每 5 个人里就有 1 个人是 HSP。

HSP 分为四种类型

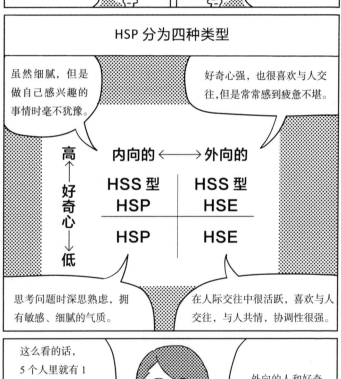

虽然细腻，但是做自己感兴趣的事情时毫不犹豫。

好奇心强，也很喜欢与人交往，但是常常感到疲惫不堪。

高 ← 好奇心 → 低

内向的 ←→ 外向的

	内向的	外向的
高	HSS 型 HSP	HSS 型 HSE
低	HSP	HSE

思考问题时深思熟虑，拥有敏感、细腻的气质。

在人际交往中很活跃，喜欢与人交往，与人共情，协调性很强。

这么看的话，5 个人里就有 1 人是 HSP 的说法还可以接受。

外向的人和好奇心旺盛的人也是 HSP 吗？

即使性格外向、好奇心旺盛的人，只要符合HSP的①～④的特征，就属于HSP。

但是HSP也分不同程度，想知道自己的敏感度究竟是哪种程度的话，可以通过后面的测试表进行测试。（见16页）

我可能是HSP，所以才这么容易感觉疲惫吧！

HSP怎么才能治好呢？

HSP并不是病，
而是我们与生俱来的气质。
所以，并没有办法治疗，
也无法通过努力而改变。

HSP会因为容易与他人共情而疲劳，因为想太多而感到疲惫和烦恼。但也有好的一面，他们更容易被感动，更容易获得幸福感。

这么说的话……

我好像确实比其他人更容易被感动。

哈

放下

嗯……这么说我容易感觉疲惫也是没办法的事情吧。

诶

才没有这种事！

只要用一些"小方法和技巧"，就能减轻你的很多烦恼。

可以通过这些改变来调节。

原来如此。

避开拥挤的公共交通，骑自行车出行……

和总是发一堆消息的人保持距离……

不看

通过和别人共情得到感谢。

谢谢你关心我

怎么了？看起来很没精神哦

靠自己的共情能力帮助别人。

就能解决通勤时周围不好的气味和噪声等困扰。

就能让自己的时间和意识不过多地被他人占用。

不要想着让别人表扬你的弱项，多想着让别人表扬你的强项。

不擅长

擅长

接受自己有做不到的事情，将自己能做的事情做到最好，不和别人比较。

两本是吗？
谢谢惠顾。

每天都可以过得再稍微开心一点啊！

我试试看！

感觉轻松多了

拿起

不要着急，慢慢来就好。

好嘞～
回去再接着读
一读吧！

了解适合自己的生活方式，会让你的生活更快乐哦！

不如像本书里的 HSP 一样，从小事开始做起吧？

11

序

你为什么会感觉"生活艰难"呢?

我在 20 多岁的时候,常常感觉到生活很艰难。频繁的换工作、不顺利的恋爱,面对周围的朋友都渐渐进入了人生的下一个阶段,而我只能自责,为什么自己一直是这个样子。

我也是在那个时候才知道,在这个世界上有些人天生就很敏感。回想一下,敏感的自己做着与不特定人群接触的工作,只是为了受人瞩目、满足自己的虚荣心,没有去做自己真正想做的事情。觉得别人说的都是对的,很少有自己打心底觉得"我想要这样做"的瞬间。我的人生一直在被别人摆布。

迟来的自我介绍。

我是面向 HSP(高敏感人群)的顾问 Ryota。我在得知自己是高敏感人群后,希望能发挥自己的高敏感特质,帮助那些和过去的自己一样痛苦的人,至今已经为 2000 多人提供了咨询，同时提供就业支援服务。

身为高敏感人群并不是一件痛苦的事。根据周围的环境，活用我们敏感的个性，完全有大展身手的可能性，获得幸福感，每天都过得很开心。

但是，常常有高敏感的人来向我咨询，感觉自己生活得很艰辛。

"明明是讨厌的人、不擅长的事，却总想着那个人的事情。"

"别人一说我过于敏感，我就觉得自己不够好。"

"朋友的攻击、否定，让我疲惫不堪。"

你有过这样的烦恼吗？

高敏感的人有深入思考各种事情的倾向。如果一直思考令人讨厌、不安的事情，就会变得筋疲力尽。既然如此，不如就想想最爱的人，深入思考快乐的事情，从而获得幸福感。

作为高敏感人群的顾问，我为他们解答过各种各样的问题。在本书中，我将以心理学为基础，采用简单易懂的语言解答高敏感人群在日常生活中常见的烦恼。书中添加了漫画进行情景解说，即使是平时不读书的人也能毫无压力地阅读。也可以简单地翻阅目录，只读符合自己烦恼的部分。这本书不仅适合高敏感人群，也适合那些深感生活艰辛的人。

通过实践积累，我将生活中不同场景的思维方式和语言表达方式整理出应对秘诀。20多岁时，我会因为别人的意见而左右摇摆，如今30多岁的我，生活无比快乐。即使生活在同一个世界，所呈现的色彩看起来都变了许多。

比如，20多岁的我憧憬着强大。因为心思细腻，容易被琐碎的事情动摇，所以更憧憬着男子汉的强大。但是"男性＝强大"这也是一种固有观念。

走不适合自己的路只会让人疲惫。不只是简单地追求男子汉气概，也要对弱者伸出援手，温柔地对待孩子——这种想法很适合我。所以我也放弃了"身为男人就不应该依赖他人"的想法。人本来就不能一个人活下去，累了就要互相依靠，在帮助和被帮助中前行。当我转变思维方式之后，内心便不再感到被逼到绝境。

我并不认为人生是轻松的。不管是谁，被否定、被攻击都会很痛苦。不要忍受痛苦，选择适合自己的环境就好。

"虽然人生中会发生许多事，但不总是坏事"，能够这样想就很棒了。

如果本书能稍微减轻你的一些烦恼，那就太好了。

希望你也能鼓起勇气，强化自我，踏上能够安心生活的旅途。

高敏感气质诊断

我每天都会收到 100 多条来自高敏感人群的评论和咨询。
根据这些信息我做了张简单的检测表。
不用想得太复杂，以最真实的感受做个检测试试吧。

☐ 在心情不好的人身边会觉得很累

☐ 明明是别人被骂，却感觉好像自己也被骂了一样

☐ 一看到美丽的风景就想哭

☐ 对疼痛的感受，看到疼痛的影像等反应敏感

☐ 刺激过度，就想一个人独处

☐ 对强光、强音、气味敏感

☐ 从小事情上能感受到巨大的幸福

☐ 想被舒适、温柔的东西包围

☐ 为艺术深深感动

☐ 被人评价亲切、诚实

☐ 行动之前先思考

☐ 在同时接受多项任务时不知道该从哪里着手

☐ 过度察言观色，最后徒劳无功

☐ 总是想着"万一呢""如果失败了呢"

☐ 尽量回避各种负面新闻信息

☐ 在意冰箱、空调的声音

☐ 在聚光灯下感到不适

☐ 不擅长应对变化

☐ 在自己不熟悉的地方睡不踏实

☐ 希望能过上安稳的生活

☐ 被人注视的时候无法发挥自己的实力

☐ 从小就常被人评价"敏感""容易受惊"

☐ 集中注意力的时候看不到周围的事物

☐ 容易被所处的环境影响

☐ 能从一件事联想到许多其他的事

符合 10 条以上：可以认为你是一个有着敏感特质的人。

符合 16 条以上：可以认为你是个相当敏感的人。

以上内容符合得越多，说明你越容易受到周围的影响。

目　录

序　　12

高敏感气质诊断　　　16

消除人际关系烦恼的秘诀

1　和别人比较 ………………… 26

2　对人抱有偏见 ………………… 30

3　太在意别人的评价，在社交网络上搜索
　　关于自己的评价 ………………… 32

4　为了讨好别人，让自己受累 ………… 36

5　常被他人背叛 ………………… 38

6　过于具有攻击性的人 ……………… 40

7　无法融入经常在一起的团体 ………… 42

8　总想着要听取别人的建议 ………… 44

9　和人说话时感到紧张 ……… 46

10 自己的意见被否定时感到受伤 48

11 虽然是朋友，但是最近在一起

觉得不开心 50

12 朋友很少 52

13 总是被人瞧不起 54

14 怎样面对自己无法容忍的事 58

15 总是受别人影响该怎么办 60

16 容易被误会对对方有意思 62

17 不能很好地撒娇 64

消除工作上烦心事的秘诀

18 不自觉地发牢骚 68

19 必须要工作 3 年吗 70

20 出于好心增加自己的工作量 74

21 工作量超过了能够承受的范围 76

22 怪罪于自己 78

23 觉得公司氛围不是很好 80

24 过于追求职场上的人际关系 82

25 不愿意变轻松 84

26 因为自己在痛苦，所以希望对方也

感到痛苦 86

27 被人看着就无法集中精力 88

28 职场不是能集中精力的环境 90

Chapter

3 不要过于努力的休息方法

29 无法消除疲劳感 94

30 在意声音和光线等刺激 98

31 情绪不容易安定 100

32 总是考虑很多事情 102

33 没法好好休息 104

34 常常削减自己的睡眠时间 106

35 被人帮助是很逊的事吗 108

36 不擅长效率化 110

37 被焦躁、烦闷的情绪支配 112

38 对追求更好感到疲劳 114

Chapter

4 变得喜欢自己的方法

39 对自己严苛 118

40 不自觉地变得悲观 120

41 总是受挫 122

42 无论如何都不想被干涉的事物 124

43 害怕暴露自己 126

44 自卑情结 128

45 自己的优先顺序很低 130

46 难以改变自己 132

47 责备自己 134

^{Chapter}

5 逃离自我牺牲的方法

48 想被人喜欢，扮演一个"好人" 138

49 总是优先考虑别人 140

50 常常苦恼于人际关系 142

51 不要再贱卖自己了 144

52 常被人咨询 146

53 想一些能够帮助他人的方法吧 148

54 常被人拜托帮忙 150

Chapter

6 应对不安的方法

55 内心充满不安 154

56 不要轻视小小的不安 156

57 容易对某些事物产生依赖 158

58 积攒情绪 160

59 因为觉得不安而草率行动 162

60 害怕变化 164

61 别人的期待反而会变成负担 166

62 常常独自开反省会 168

63 应对不安的顺序 170

64 害怕失败 172

尾声　希望你能够更爱自己 174

消除人际关系
烦恼的秘诀

1

和别人比较

人是会进行比较的生物。想比别人更优秀，想让自己处于优势地位。只有切实感受到自己的优势，才能认可自己的价值。

世界上有许多的人，"人外有人，天外有天"是理所当然的事。所以，总和他人比较，对胜负过于执着的话就会很辛苦。

在学习乐器、料理等事物的过程中，高敏感人群常常会觉得"我没有×××做得好"，从而感到心灰意冷。

这种时候，与其和他人比较，不如和以前的自己比较。乐器也好，料理也罢，刚开始学习的时候肯定是完全不会。和过去的自己比起来不是已经成长了很多呢？和过去的自己比起来有进步的话就已经是很大的成功了。

你是否只看到了他人的其中一面？最常见的就是外表——

"那个人好可爱啊，我完全比不上。"

"这个人真高，一定很受欢迎吧……"

其实，人有着许多不同的侧面，外表只是其中之一。如果一个人尖酸刻薄，并且喜欢利用他人，那么无论这个人的外表多么美丽动人都不会让人产生想要交往的想法。我们没必要因为只输给他人的一个侧面就觉得灰心。

每个人的个性就像是游戏中的角色一样，是各种参数的集合。虽然有的角色体力值高，但是移动速度慢。相反，也有移动速度快但是体力消耗也快的角色。

没有人是完美的，每个人都有胜过他人的地方，也有不如他人的地方。感受到你的个性魅力的人自然会被吸引到你身边。

比起关注比较胜负结果，不如享受人和人之间的个性差异吧。这样的思考方式能够帮助我们缓解紧张，摆脱劣等感。

并不是完美的人才会被爱，相反，不完美的人反而容易被爱。

我们来想一想搞笑艺人。他们常常失败，也不像明星演员一样有着帅气的脸，但是依然会被很多人喜爱。

不需要为了让别人注意到你，事事都要做到完美。一定会有一个对你温柔，无条件爱你一切的人。总会有人"因为是你"而喜欢你。

2

对人抱有偏见

认同人的多样性人际关系就会变得和谐，不认同就容易抱有偏见。

心理学家乔治·亚历山大·凯利⊖ 做过一项研究——不同的人对于同样的事物会有不同解释。这项研究也叫"个人建构"，建构领域的宽度则意味着多样性。

我在接受一位有高敏感特质的女士的咨询时，她对我说，有次她和几位年轻的男性一起参加活动，她跟他们说自己是家庭主妇以后，就被敷衍地对待了。

如果这些年轻男性对家庭主妇没有偏见的话，或许就能与她友好相处了吧。与不同人交流的经验会帮助你认同多样性。为了让人际关系变得和谐，不要抱有偏见，多去与各种各样的人交流吧。

⊖ 乔治·亚历山大·凯利（George Alexander Kelly，1905 年 4 月 28 日—1967 年 3 月 6 日），美国临床心理学家、人格理论家。大学主修物理和数学，但其主要兴趣在于社会问题，后转为主修心理学。（摘自维基百科）

3

太在意别人的评价，在社交网络上搜索关于自己的评价

人总是会在意别人怎样评价自己，喜欢在社交网络上搜索关于自己的信息。并且，总是会不自觉地关注自己的负面信息。即使有 100 个对自己的赞美之词，你也会因为仅仅 1 个带有攻击性的词汇而感到疲惫。在高敏感特质群体中，有不少人因为过于关注社交平台的评价而感到疲惫。

但是，为了根本没必要知道的事情而感到受伤，浪费了宝贵的时间多可惜啊。

社交平台中有许多自己不认识的人都在监视着你。或许曾有人在你投稿的评论栏里留下了负面评论。但是，否定你的人有可能是和你年龄完全不同的人。或许只是十几岁的孩子写的玩笑话。

或许你也有过突然被朋友攻击，感到苦恼的经历。因为在网络上看不到对方的脸，觉得那些坏话就是说给自己听的，所以总是会"想象一些不利的事情从而对自己造成没必要的伤害"。

人总是这样，进行负面思考，让自己受到伤害。

尽管如此，想要放弃社交网络也不是一件简单的事。

不看社交网络的话，就没办法知道朋友的近况，没办法了解最近的热门话题，有种自己要掉队的感觉。

而且，社交网络能很好地满足人的"自尊需求"⊖。你发出的消息会被推送给无数人，收到点赞的话也会感到开心。因为留恋这种满足的感觉，所以越来越无法放弃社交网络。所以，如果注销账号，"粉丝数"就会变成 0，不免让人觉得有些可惜。

所以，为了不受到伤害，尽快为自己制定规则吧。我也给自己制定了"不去看会让自己感到受伤的评论"的规则。如果不小心看到了诽谤中伤的话语，就马上关掉手机。

还有，人在内心动摇、感到强烈不安的时候，很容易将看到的信息转化为负面情绪。所以，如果感觉累了的话就暂时远离社交平台吧。

如果一定要使用社交网络的话，不要在意评论和点赞

⊖ 需求层次理论（Maslow's hierarchy of needs）是亚伯拉罕·马斯洛于 1943 年在《心理学评论》的论文《人类动机的理论》（A Theory of Human Motivation）中所提出的理论。马斯洛使用了"生理""安全""归属与爱""自尊""自我实现与自我超越"等术语，描述人类动机推移的脉络。（摘自维基百科）

数，持续发表自己想发表的东西即可。

　　世界上总会有和自己持不同意见的人。即使根据一些人的意见改变了发布的内容，也还是会被另一些人否定。因此，不要过于在意他人的评价，持续发表自己觉得好的内容就可以了。

4

为了讨好别人，让自己受累

"虽然知道，但是还要假装不知道。"

"做出拍手大笑等夸张的行为。"

"即使感到受伤，也要假装自己喜欢被人开玩笑。"

你有过像这样为了讨好别人而强迫自己做不喜欢的事情的经历吗？

精神病学家卡伦·霍妮指出，人在感到不安时的行动模式可分为"迎合""攻击""家里蹲"三种。其中，"迎合"是指为了讨他人欢心而做一些与自己的意志相反的事情。

也就是说，人在产生"如果被讨厌了怎么办"等不安的情绪时，会不自觉地迎合他人。但是，如果对方是自己讨厌的人，自己并不擅长与之交往，不要迎合对方，与对方保持距离才能让自己感到舒服。

比方说，如果老鼠想让猫喜欢自己的话，内心会很煎熬吧。与其把精力用在与自己性格不合的人身上，不如把精力用在家人、恋人等关心自己的人身上。

你不需要通过伪装自己来讨人喜欢。

5

常被他人背叛

高敏感人群会发现很多事情，比如紧张的气氛，周围人细微的情绪变化他们都无法忽视。由于不想成为他人发泄焦虑和不满的对象，出于自我防卫，高敏感人群会从一开始就对谁都抱有好感。

如果从一开始就对人抱有好感，为了让对方喜欢自己，就会伪装自己、拍马屁或做出很大反应，塑造自己的形象，因此会让自己感到非常疲惫。

一开始就对人有好感是很奇怪的。一般情况下，我们应该根据对方的行动来判断是否喜欢这个人。如果一开始就抱有好感，就会对对方有所期待。一旦对对方产生期待，那么对方有一点点的否定和攻击都会让人感到遭背叛。实际上可能并不是被背叛，而是性格不合。与人初次见面时，比起好感，不如先考虑"他是怎样的人"。没必要一开始就觉得喜欢。

6 过于具有攻击性的人

诶？啊……嗯……
话说回来啊……
诶~这好奇怪啊！
你这样可不行啊！
离得好近……
之前借给你的漫画你带来了吗？
有这事儿吗？我忘了~
总之就是发生了这样的事……
你这十有八九是被那个人巧妙地利用了。
万一有人这么对待我，你会怎么想？
对吧！
我肯定难受得看不下去，绝对会上前阻止！

我在接受高敏感人群的咨询时发现，他们中的很多人对人都很亲近，会有拒绝别人的罪恶感。我还在 YouTube 上针对高敏感人群进行了问卷调查，截至撰写本书时我共收到 9587 份答卷，结果显示，有 29% 的人具有高度的协调性。

这样的性格很难拒绝别人，也很难脱离团体。因为团体能满足他们的归属感，退出团体会让他们感到不安。

如果这个团体能给他们带来好的影响还好，但如果总是抱怨、说坏话、干涉过多、气氛不融洽，就会让人感到很疲惫。

<u>先试着寻找是否有其他适合自己的团体。加入多个团体是很正常的事情，在结交了新朋友之后，与不适合的团体保持距离，这样就可以缓解不安的心情。</u>

比起和不适合的人在一起，高敏感人群单独一个人会感觉更轻松。因此，今后要慎重选择所属的团体。或许不需要勉强自己参加人数众多的社团，也可以只和两三个合得来的朋友交往。

与谁一起交往也会改变对他的印象，正因如此，所以更要选择不会让你觉得不愉快的人。

8

总想着要听取别人的建议

前阵子从××那里收到了一些建议……

我觉得这样做会更好哦~

我试着做了一下，好像不是很不适合我，但是如果不去做的话……

我是为你着想才提的建议……

你仔细思考之后决定的事情，相信那个人也一定可以接受！因为他人很好的，不是吗？

呜

不用非得勉强自己尝试别人的建议也是可以的！对吧！

嗯，也是哦。

嗯！谢谢你！

如果对自己没有自信，或者自卑感很强，就容易认为别人更优秀，很自然地就会想要实践别人的建议。

但是，他人的建议只不过是其中的选项之一，是否接受建议是你的自由。

而且，人的建议有两种。一种是真的为你着想的建议。另一种是利用你让自己心情变好的建议。

为你着想的人，即使你没有接受他的建议他也不会生气。即使你失败了也只会说"已经很不容易了，继续努力"。

只想利用你的人，如果你不听他的建议他就会生气。因为如果你不接受他的意见，他就不能说"我很厉害吧""都是我的功劳"了。

建议只是手头多一张卡片，你在得到建议的基础上，选择原来的卡片也可以。不要认为建议都是正确的，就把它当作一种新知识来看待吧！

9 和人说话时感到紧张

高敏感人群中有些人不擅长闲聊，如果不能很好地取悦对方，就会因为压力而感到紧张。

这种时候就应该把注意力转向非语言交流。

非语言交流是指对话内容以外的交流。我们在对话之前，会通过印象来观察对方。

对话前先观察对方的气场，如对方的外貌、举止，甚至是对话所在地点的氛围等，影响印象的东西有很多。

接下来是听声音，声音的音调、说话的节奏、声音是否颤抖等。

最后是听对话内容。我们一般在对话之前，会接收到很多信息，如果在留下印象的时候就进入对方的"不擅长领域"，对话就容易被否定。

比起通过闲聊力、谈话内容来取悦对方，调整自己的外表和印象更能改善沟通。比起语速快地说些自己不感兴趣的事情，微笑着回答会给对方留下更好的印象。

10

自己的意见被否定时感到受伤

当我们的意见和别人不同时，会不知不觉地进行争论反驳。那是出于希望别人理解自己的心情，或是出于认为自己是正确的、有正义感的人。

因为我们的出身和接受的教育不一样，所以人们所具有的价值观就不同。在社交网络上也经常能看到高敏感人群和非高敏感人群之间的强烈对立。

大多数人都会根据自己的经历来理解他人。比如，你发烧39度的时候会被人用温柔的话语关心。但是，当你面临压力感到精神崩溃的时候，可能有人对你说"太天真了吧""再努力一点""没什么大不了"。

因为价值观不同，所以无法互相理解。双方持有不同形式的正义，正义的碰撞就会变成吵架。然而高敏感人群，很容易动摇和感到疲惫。

如果对话有可能会变成争论或反驳，那就停止对话吧。"你是这么想的，我知道了。"对话就此结束。与对方继续站在对立的立场上，你会感到烦躁和郁闷。

如果不进行讨论反驳，反而会减少无谓的烦躁和郁闷。

11

虽然是朋友，但是最近在一起觉得不开心

"我们是老朋友了，但最近感觉有些意见不合。"

"他最近玩儿的方式越来越花哨，我们一起玩儿时我总感到不安。"

像这样的烦恼，高敏感人群会定期给我寄来关于他们交友关系中的烦恼。

现在还是朋友吗？所谓朋友关系，就是"有相似之处""互相帮助""想在一起"的关系。试想一下，你想联系他见面吗？如果你向他求助，他会在力所能及的范围内帮助你吗？"给予与接受"的平衡一旦被打破，人际关系就会恶化。

人在不断成长，价值观也会发生变化。学生时代关系很好的人，进入社会后关系疏远是很正常的事情。让我们定期重新审视自己的人际关系吧。

朋友变成陌生人，几年后还会变回朋友。最好的朋友也会改变，即使你把他当成朋友，你也有可能只是被他利用了。

12

朋友很少

你是否也有过即使没想着"能交100个朋友吗",但也要拼命增加朋友数量的时期?虽然朋友的数量增加了,也会感到满足,但过多的话就无法深交。而且为了保持这个数量,表面上的交往就会增加。

甚至有"礼金贫穷"的说法,指的就是由于过度扩大朋友圈,被邀请参加的婚礼太多,而为礼金烦恼的状态。

与此相似的是为了增加SNS(社交网络)的粉丝数,拼命地发表评论,与他们交流。实际上并不是想拥有心灵上的联系,只是想对外炫耀说"我是粉丝数××的人,怎么样,很厉害吧!"这是一种满足自我认可欲求的思考方式。

人际关系超出一定范围的话就会变得无法控制。有可能存在只是你单方面的把对方当作朋友,对方却并不这么觉得的情况。

<u>朋友不看数量,而看质量。</u>有困难的时候可以轻松地商量,彼此都不会有任何负担。只要有几个像这样可以安心交往的人,内心就会感到满足。

<u>因此,不要以朋友的数量来判断,而是以是否愿意和这个人深入交往来判断吧。</u>

13

总是被人瞧不起

x

54

13

总是被人瞧不起

54

"我更厉害""你怎么又在做那种毫无意义的事"，会有人像这样"装"的人吧。装是指贬低对方，炫耀自己更优秀的行为，利用炫耀自己比对方强来感受自己的价值。

装的人基本上对自己没有自信，他们不会选择比自己优秀的人，而是只针对自己认为可以赢得过的人进行攻击。而且，还会选择年薪、婚姻、学历等自己有优势的方面进行攻击。

他们看到与之差距大的人就会嫉妒，嫉妒是为了弥补和对方的差距而产生的消极反应。不缩小差距就无法安心，所以在虚荣心促使下贬低他人，不继续装的话，就越会感到不安。

所以，请不要在意装的人说的话，而是要把精力集中在自己的成长上，拉大与对手的差距，那时他们就越沮丧，越想拼命攻击。当差距过大时，他们就无法消除不安，就会撂下句无力的狠话离开你。

在 SNS 上也能看到那些特别装的人，有晒年收入的，也有炫耀自己的恋人或配偶等，各种各样的人。

但是，我们对他们实际的情况一无所知。可能的确有很棒的恋人，但实际上可能是经常吵架，不安得不得了；也有可能是周围人很厉害，但自己却一无所有。

真正内心从容的人没有必要装。因为他们明白，即使不利用他人，自己也有价值。

如果你听他们炫耀而觉得不甘心，那就正中他们的下怀了。他们就是想让你羡慕，觉得不舒服。不要争论或反驳，把目光转向自己拥有的东西吧！

只有自己理解自己的价值，认识到自己有价值，才不会对他们的炫耀感到懊恼。

只要你不动摇的话，他们就会把目标转向有反应的人。就把那些装的人当作是如果不炫耀，自己的价值就得不到认可的人吧。

另外，也要考虑一下他们的心理。

像之前说过的那样，装的人没有安全感，不是你有问题而是他们有问题。可能是：

"连自己的价值都无法认可的可怜的人。"

"没有其他容身之处而感到不安吧！"

"像小孩子一样，如果不一直被别人夸奖就不高兴的人。"

像这样，改变看待他们的眼光也会很有效地调整自己的心态。或者把他们看作小孩子，找茬后高兴的样子，被奉承后天真而自满的样子，是不是和小孩子一模一样？

即使身体已经长成大人，内心仍像小孩子那样不成熟。即使要求他们做出像大人一样的言行举止，也是没有意义的。只要想成是小孩在炫耀，就很难把他们的话当真了，对吧。

14

怎样面对自己无法容忍的事

就应该振作起来！
过去已经无法改变，不如积极地思考未来的事情！

积极计划未来，就不会一直被过去束缚了！

被不讲理地对待、一直被家人否定，类似于这样的经历，我们每个人都有过无法原谅的事情。高敏感人群有深入思考事物的倾向，所以有时也会怒气难消。

我认为这个世界上每个人肯定都有无论如何都不能原谅的事情。虽然原谅和遗忘会让人轻松，但已经经历过的事情，对自己的人生所产生了巨大影响，肯定没办法一下子就原谅，还会留在记忆里。

人生气时会分泌肾上腺素，肾上腺素是一种有助于记忆巩固的物质。只要是让人感到愤怒的事，都已经留在了记忆中。

<u>因此，虽然我们不能原谅，但我建议大家以不为之痛苦为目标。</u>这是一种从人生的重要节点开始的思考问题的方式。

即使是不可饶恕的事，那应该是你人生的分界点吧。毕竟在今后的人生中会有很多分岔路口，前途、恋爱、职业规划、人生的意义，多思考这些问题，才会让你的人生变得更加有意义。

如果一个人容易受他人影响，就很容易变得没有主见。有时候自己觉得很漂亮的衣服，会因为家人的否定而选择了别的衣服。但是家人肯定的衣服也有可能被朋友否定，每个人的想法不同是理所当然的。

别人的建议只是选项之一。我们根据这个建议，无论是觉得"果然还是这个好"，还是选择最初的衣服都没关系。你只要根据建议、进行思考并做出决断就可以了。

太容易受他人影响的时候，可能是因为对自己不自信。如果觉得别人更优秀，就无法选择自己的意见。这种时候，就试着从自己能承担责任的范围内的事情中自己选择吧。服装也一样，只要考虑 TPO（Time—时间、Place—地点、Occasion—场合），就不会给别人添麻烦，只是大家的喜好不同而已。

如果一直选择让别人高兴的选项，你的选项就会变成别人的。长此以往，就会导致你的人生变成以他人为中心的人生，变成为他人奉献的人生。

要知道别人的幸福不是你的幸福。只要穿上你想穿的衣服，就算被人嘲笑，走下去就没问题。不要去讨好别人，要有享受与他人不同的感觉。

16

容易被误会对对方有意思

明明只是普通的聊天

诶~这样啊~

过一会儿对方就会忽然拉近距离

啊

等下要不要一起去吃个饭啊?

凑近

哇~要是跟他加了好友,肯定会因为和他聊天而觉得很累……

要不要加个好友啊?

真的对不起!

那个…我平时不怎么看社交软件,所以……

这样啊~

初次见面时，让别人对你有好感是一件很棒的事情。因为第一印象好的话，在今后你的言行也会使人产生好感。

但是有时你微笑着与人接触，结果却会被误解为对对方抱有爱慕之情。若是带着这种误解继续和对方接触，距离感就会变近，也会成为负担。如果对方对你产生好感，对你有所期待，一旦被拒绝可能会给对方一种遭到背叛的感觉。

避免被误解的诀窍是，不要告诉对方太多自己的信息，特别是不要交换联系方式。如果没有交换联系方式，和对方的关系就会疏远。

联系频率少、见面次数少，印象就会变弱，对你的期待也会降低，交往时就会保持适当的距离。

可以使用"和人在一起总感觉很累，想只保持在适度接触"作为拒绝交换联系方式的理由。只要对方知道你对别人也是这样交往的，就很容易接受。

与人接触时给自己定好规矩，只要在相应的场合保持应有的礼貌，但基本冷漠，就无法被人拉近距离。

17

不能很好地撒娇

明明努力地做过很多事情

哈

长大之后却很少会被人表扬了~

就算不被人表扬,也要记得自己表扬自己!

我已经好好努力了,我真厉害!

买了有点高级的冰激凌。

好好地犒劳自己一下。

顺便再去买一个能让我放松的睡衣吧。

冰激凌好好吃!

好幸福!

高敏感人群大多数人都很善良，对人很体贴。这样一来他们又会有很多烦恼。

"恋人总是一副很开心的样子，完全看不出自己偶尔也想撒撒娇。"

"自己工作很努力，但是从没有人表扬我。"

"我努力考取了资格证，却没有人听我讲这些。"

只知道给予，不擅长索取。这会成为习惯，周围的人可能会认为你是个"善于倾听"的人。其实，你也希望别人能听你说说话，偶尔也想炫耀一下自己吧。

其实你完全可以用轻松的语气对大家说，"听我讲一下"或者"这个资格证是我通过努力考取的"。但是有很多高敏感人就是因为做不到这些而烦恼。

那么试着自己满足一下自己的需求，怎么样呢？

如果想撒娇了，就对自己好一点。自己烦恼的事、痛苦的事，只有自己知道。即使周围的人不理解你，你也要理解自己。

既然付出努力了，就自己奖励自己吧。可以买自己想要的东西，也可以去自己想去的地方。

试着自己满足自己以后，就会发现不依赖他人也可以很好地愉悦自己。特别是在现代社会，被夸奖的机会越来越少。也有调查说，英语中有很多赞美人的词，而日语中用来赞美的词却很少。

把手放在胸口，说出自己的心情吧。"你很努力啊！""你很棒啦！""做自己就很好啊！"……这样一来，内心的疲惫就会一扫而光。

消除工作上
烦心事的秘诀

18

不自觉地发牢骚

我想很多人都会觉得不能抱怨工作上的事，抱怨对自己和对方都不好。但是，抱怨是一种解脱，为了发泄心中的郁闷，抱怨是必要的。

　　问题在于，只对特定的人抱怨，或是问题积攒太多，突然爆发似地说出来会给倾听者很大的负担。抱怨的时候，只要注意以下几点就能顺利进行：

　　（1）像闲聊一样轻松地说；
　　（2）同时倾听对方的抱怨；
　　（3）不与同一个交流圈内的人抱怨；
　　（4）先向对方表达自己接下来要抱怨。

　　明明只是想发牢骚，对方却给出了明确的建议，话题就有可能被改变。如果对方不能接受你的抱怨，就说"我只是想找个人听我说话而已"，请别人听你讲话就好。

19

必须要工作3年吗

在因为工作而感到烦恼时，一定会听到"不坚持3年就说不过去"的话。但是，这只针对你给予积极评价的公司。

遗憾的是，现在很多公司只会利用员工。如果你没有被认真对待，还会想为公司做贡献吗？

<u>就像公司对你进行评价和判断一样，你也可以对公司进行评价和判断</u>。最好的证明就是，一旦公司出现衰落迹象时，工作能力强的人就会早早离职。

判断一家公司是否适合自己，在面试中就能做到。我曾经听高敏感人群的人说过，有些人面对压迫性的面试会感到情绪低落，认为"我不适合进入社会"。其实只是因为你和这个公司不合拍而已。

每家公司都有自己的风气。如果是一家有野心、想要向上发展的公司，那么，同样有野心、想要向上发展的人进入就好了。

你有选择适合你性格、可以更好发挥你能力的公司的自由。回想一下你正在做的工作，你的努力有得到认可吗？有被夸奖过吗？努力工作了一年，有得到什么好处吗？

之前说过的"忍耐3年"有很大一部分的意思是说3年基本就能习惯。但是高敏感人群的特征是容易受到环境的影响。如果环境不好的话，根本无法忍受3年。即使只有3个月，心理也会崩溃。

请想象一下空调房。

在室温低的房间忍耐，等到身体习惯是"适应"的一种解决方式。另外，换个房间、带个毯子取暖等，选择适合自己的状况的解决方式也是一种"应对"方式。高敏感人群有必要培养自己的应对能力。

与其选择辛苦的工作和在不适合自己的环境中忍耐，不如承认当初选择这份工作是个失误。如果理解了自我分析和选择工作的失败，就会明白还是重新选择工作比较好。

我经常听到一些人对换工作持否定态度，认为"这不就是逃避吗，太矫情了吧"。用前面讲到的"适应"和"应对"方式来思考的话，换工作就变成了在前往其他的环境。理解自己的能力，选择自己能大展身手或适合自己的地方。这是在勇敢面对新的人生，不是逃避或矫情。

临床心理师高垣忠一郎先生曾提出"社会评价与自我需求的关系"。一方面因为害怕被家人或朋友否定而不愿意辞职，可以说是以社会评价优先，这是一种优先考虑社会评价的思维方式。

另一方面，自我需求是与人心理有关的内容。如果优先考虑社会评价，就要忍受内心的崩溃。从长远来看，说不定哪天人的内心就会崩溃无法工作了。

如果因为适应而感到痛苦的话，就选择应对吧。虽然选择应对也会面临大的变化，但比起一直忍耐，应对更能提高"选择好的未来的可能性"。当然，如果跳槽困难，也可以考虑调换工作部门、调整工作内容。请选择对你来说最没有负担的方式吧。

20

出于好心增加自己的工作量

你是否为了获得更好的评价而做了许多超出分配范围的工作？

特别是高敏感人群会注意到各种各样的事情。

- 勤打扫
- 即使有一点空闲时间也要工作
- 电话响了迅速接听

如果出于好意接受过多额外的工作，那就变成了你的工作。而你的评价并不会提高很多，顶多只是让人觉得你是个"勤快的人"。到头来，明明是你出于善意做的工作，却要承担责任，放任不管的话还会挨骂。

首先要做好被安排的工作，什么都接受的话，会被认为是个用起来很方便的人。

为了保护自己，希望你能做出"虽然意识到了那些事情，但还是要无视"这样的选择。

21 工作量超过了能够承受的范围

哎——

最近工作一直做不完……

动作麻利

但是大家都在努力，我也必须加油！

很努力嘛！佩服佩服！

哦！

呜

科长，我觉得应该不是你想的那样……

啊……不行了……

很多高敏感人会因为一次被安排多件事、背负太多工作量而感到疲惫。这也是工作状态不佳、心情烦躁不安的原因。

这时他们就会觉得"都是因为我做得不好才不行的"或者"公司也很不容易，我努力一些就会有办法的"，就这样忍了下来。忍耐忍耐忍耐……实在无能为力，只好辞职。辞职的时候，上司还会惊讶地问："你明明那么努力，怎么辞职了呢？"

有人想着"为什么只有我的工作量大？"，而变得具有攻击性，并意气用事勉强自己工作。意气用事时你就会失去从容。从公司角度观察到这样的你，可能会觉得"太好了"。

与其勉强自己，不如考虑把工作量大的问题正确地转化为公司的课题吧。为了解决问题，不必要勉强自己完成工作。因为即使勉强完成了工作，也会被认为"能完成那个工作量"。

工作上的失误、和恋人吵架等，是不是总是把责任推给自己？但是责任并不是有或没有的二选一问题。

海因里希法则阐明，劳动生产中意外事故的发生，1个重大事故的背后隐藏有29个轻微事故，其背后还有300个潜在隐患。这表明你的错误背后可能还隐藏着很多问题。

比如工作上的失误，可能是因为工作量太大，也有可能是因为加班太多，让你筋疲力尽。这是交给你工作的上司的责任，也是事前没有注意到问题的机制的问题。

当然，犯错的你也有责任，但是那个责任可能是50%左右。少了一半责任，不觉得松了一口气吗？

很多人当时想要尽自己的最大努力，但在竭尽全力的情况下发生问题的话，也就证明这不是你一个人解决得了的事。

<u>不要自己一个人承担责任。相反，要有一种即使是对方工作中出现了问题，你也可能有一点责任的心理。</u>改变并接受新的思考方式，也能让自己成长。

23

觉得公司氛围不是很好

公司就像有生命的东西，各有各的公司风气，经营状况也有好有坏。不知道大家有没有注意到，有时候公司本身会"变得很奇怪，很恐慌"。

最容易理解的是经营不善的状态下，管理层会变得焦躁不安，把难题推给你的上司，上司也因为知道自己做不到，所以会变得焦躁不安。

然后，上司把责任推给下属和工作的执行人，要求执行人好好应对，但是执行人能够承担的责任也是有限的。这种时候性格认真的人会认为"都是自己的错"，从而感到疲惫。

这个案例说明问题的根本原因是经营不善，是公司的责任。公司有必要冷静地决定今后的事情，采取切实的方针和计划。如果公司放弃责任的话，可能会造成整个公司的恐慌。

"以前工作很轻松，最近却很紧张。"

如果你有这种感觉，说明公司整体处于消极的状态。你要提前了解，你可能会因此产生一些困扰了。

24

过于追求职场上的人际关系

想和公司的人

变得更亲密!

诶?为什么?

那不是很危险吗?

比如说你和信赖的人讲了你在公司内谈恋爱了，结果第二天公司上下都知道了你的秘密，你们无奈分手后，搞得见面都会很尴尬……还有啊……

不用勉强自己跟他们拉近社交关系啊!

嗯~不用勉强自己。

听起来好难……

工作累了的话，我们就会在家和单位之间往返，于是就容易对职场人际关系要求过多。比如：

- 想和同事成为挚友，互相交流、沟通
- 谈一场职场恋爱，步入婚姻殿堂，希望被祝福
- 想被上司像父母一样夸奖

但是，如果这种关系破裂了呢？在职场恋爱中失恋的话，有可能会每天和前任见面。另外，因为是同事和朋友关系，所以可能要求加班；如果晋升的话，也有可能变成上下级关系。而且职场大多是封闭的环境，流言很快就会传播开来，有被当作话题而陷入疲惫的风险。

这样的话，职场人际关系还是冷淡一些比较安心。工作上可以礼貌地交往，但不要有私人交往。不主动告诉别人自己的隐私，才能保护自己。

25

不愿意变轻松

有些高敏感人群认为轻松是坏事，他们会把自己逼入认为轻松就是逃避和娇气的深渊。这其实只是自己在意面子和别人对自己的看法的状态。

<u>轻松和偷懒是两回事：偷懒是指明明知道有事情要做，却不去做的状态；轻松就是效率化，这是踏实努力以外的选择。</u>

假设你每天加班2小时，因为不想加班，使用了更有效率的办公软件提高工作效率。另外，如果通过改变工作方式，让加班变为零，那也是一件很棒的事情。这与每天汗流浃背地努力工作是不同的做法。但事实上，你的工作完成了，并且不用加班，这不是很好吗？

想着"让工作变轻松一些"的人被给予高评价的例子其实很多，因为这样的人一个人往往可以完成很多人的工作量。而只是认真、努力的话，只能完成一个人的工作量。

轻松不是偷懒，把该做的事有效率地做完，并不是坏事。

26

因为自己在痛苦，所以希望对方也感到痛苦

86

我们会嫉妒很多事情，分析日常中人们产生攻击性的原因大多也是因为嫉妒。其中之一就是"希望你品尝同样的痛苦"。

假设你正在努力加班，但内心并没有那么喜欢工作一心只想回去看自己喜欢的电视剧。

这种时候你是否无法原谅一下班马上就走的人呢？

"我都在拼命加班了……希望大家都和我一样加班。"

那样的话，你也会和周围的人一起痛苦。其实你内心只是想早点回去，并没有想过要让别人和你一起加班。如果能意识到这一点，你就不会把负面情绪转移到早回家的人身上，而是将目光转向想出不加班的方法上。

<u>改变一个人或公司是很困难的，但是改变自己是相对简单的。</u>

尽早放弃这种"想要让他们体验同样的痛苦"的反派心理吧！想办法把自己从痛苦中解放出来吧！

27

被人看着就无法集中精力

高敏感人群在被人注视的状态下会感觉自己受到太强的刺激，注意力会分散在别人身上，无法集中在该做的事情上。

　　例如，护士是高敏感人群最容易选择的职业之一。因为在我对高敏感人群进行的职业问卷调查中，调查结果显示 6042 人中有 1570 人的职业与医疗护理相关。

　　我和高敏感人群的护士聊过，她说给患者采血的时候被患者盯着看，这让她感到很紧张，这也可以说是在被人监视状态下的紧张。我也听说过这样的烦恼，在办公室工作的时候，总觉得被眼前的人看着，而无法集中精力工作。

　　因为工作的关系，很难避免这种视线问题的出现。但或许可以考虑"用隔板和文件挡住视线""用带遮光罩的眼镜""更换掉办公室里人流量大的座位"等应对方式。

　　在线会议时，可以不去看屏幕，而是看摄像头，这样就不会看到其他人的脸了。如果你太在意别人的视线的话，就考虑让人们的视线尽可能远离你的视野吧。

28

职场不是能集中精力的环境

高敏感人群很容易受到环境的影响，而且不能忽视环境的刺激。如果觉得有声音在响，就会被那个声音吸引。

他们对环境方面的不满意，有可能被误认为是工作和人际关系上的不满意。例如，如果在吵闹的地方开会，他们就会感到烦躁。这种烦躁虽然是针对噪音产生的，但也会被误认为是对会议内容的烦躁。

这种情况下，首先考虑是否可以减少工作场所中环境的刺激。更进一步说，高敏感人群在环境刺激强烈的地方工作可能很难。例如，一些制造岗位所处理的内容物中如果有刺激性气味的东西，光是这样就有可能让人不舒服。

在很多职场中，空调就会成为所处环境中产生刺激的因素。太热了人会感觉不舒服，太冷了只会在意冷。这种时候，可以把在空调正下方的座位换掉，或者带一件开衫应付夏季的空调，总之可以准备一些个人能应对的东西。

另外，有时也会有上司在办公室里反复提醒某位同事，甚至对某些人大发雷霆的情况。当有人被训斥时，高敏感人群会觉得是自己被训斥了，从而产生巨大的压力。

虽然这个时候只要离开座位就好了，但是气氛上很难让自己接受。在这种情况下，有必要把自己当成局外人。我们可以通过"专注于自己的呼吸""专注于时钟的指针""专注于想象或被训斥的场景以外的事情"来调整心情。类似正念的方法。

另外，有很多高敏感的人表示身边人总是自言自语也让他们觉得烦恼。他们会感觉自己被搭话了，而且如果是消极的话语，就会给他们带来强烈的刺激。自言自语是说话人的问题，除非本人想要改正，否则是不可能治好的。

在这种工作环境恶劣的情况下，有必要采取提前换座位或者申请暂时使用耳机等措施。在那样的环境下一味地忍耐只会增加压力。

请不要想着"自己忍耐就好"，试着考虑一下能否用物理方法来应对，缓解不舒适的心情。

Chapter

3

不要过于努力的
休息方法

29

无法消除疲劳感

休息日♪

为了能在家里悠闲地度过~

把家里摆满自己喜欢的东西~

工作道具也都收进橱柜里~

打开窗帘让阳光照进来~

打开

温度、湿度都调到刚刚好~

按

我·的·家

放松

好温馨

高敏感人群会受到很多东西影响，比别人更累。

即使是在好的环境受到好的事物的刺激，他们回到家也会感到筋疲力尽。此时的居住环境就变得很重要，他们在自己的住所仍受到刺激，就意味着在可以放松的空间里依旧感到疲惫。无论到什么时候都无法从疲劳中恢复，可以通过以下方法来打造刺激性小的居所。

- 被自己喜欢的事物包围，远离那些工作道具等看了就会产生疲劳感，让人进入思考状态的东西。
- 让房间温度适中，以减少不快感。
- 让房间日照保持良好状态。
- 在房间里摆放一些可爱的、让人看了就心情舒畅的东西。

居住的地区也很重要，人多的时候也容易让人受到刺激，因此在人多的地方居住也容易使人感到疲劳。在选择住所时可以考虑多花一些钱选择居住条件更好的地方。

不仅要远离坏的刺激，更要接受好的刺激。

我们在与人的肢体接触和交流时，会分泌一种叫作"后叶催产素"的幸福荷尔蒙。

后叶催产素有抗压的作用，能够让我们产生对他人的信赖感和亲近感。不擅长与人交流的高敏感人群可以试着感动自己，感动也是能让后叶催产素分泌的行动之一。高敏感人群有着很强的感受力，在很多时候都能够感动或产生共情。

如果能被自己的住所感动，就能减少与他人的交流，获得安心感和幸福感。在后叶催产素的作用下，对他人的不安感和恐惧感就有可能被抑制。

住所中的感动包括"住在朝阳和夕阳都很美丽的地方""空气清新""有能让人感动的艺术作品"等，或者想象自己一直住在向往的街区。

下一页是高敏感人群采用的一些减压方法，供大家做参考。

与宠物、动物接触。
整理整顿，给家中做彻底的大扫除。
与电影、电视剧、小说等作品接触。
购物。
品尝美食、在安静的咖啡店度过一段温暖的时间。
在大海或公园等能够接触到大自然的地方度过一段温暖的时间。
演奏乐器、画画。
和不会让人感到疲惫的人短暂地聊会儿天。
唱歌、听音乐。
看画集或照片集等自己喜欢的东西。
做编织之类的简单的手工。

30

在意声音和光线等刺激

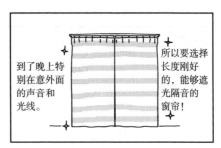

到了晚上特别在意外面的声音和光线。

所以要选择长度刚好的，能够遮光隔音的窗帘！

原来是这里

哈哈哈叮咣

墙壁和窗户也贴上降噪条。

家具要紧贴着墙壁放

呼～

利用书架提高隔音效果！

终于能静下心来读书了！

只是减少了来自外部的声音而已。

变得好安心！

高敏感人群对外界刺激的反应非常敏感，最容易让他们感到烦恼的就是噪声和光、视觉的刺激。例如，即使自己家是可以放松的空间，但邻居和公寓上下楼层的人也有可能很吵。另外，自己发出的声音会不会给别人添麻烦也会成为他们不安的根源。我咨询了高敏感的建筑师关于房屋隔音和房屋选择的问题，他告诉我可以从以下几个方面下功夫。

- 选择能够隔音的窗户和遮光的窗帘。
- 在窗户或墙壁的缝隙贴隔音膜。
- 在与隔壁房间的边界处摆放家具。

　　考虑到房屋的隔音性，最好选择钢筋混凝土结构建造的房屋。在居住之前，想象居住感受，了解居住环境也很重要。关于这些内容，容易注意到各种细节的高敏感人群会很擅长。关于光和视觉感受，判断建筑物的日照情况和是否能够保护隐私非常关键。

31

情绪不容易安定

高敏感人群的感受力极强，能从艺术作品和大自然中感受到正向的变化。例如，突然感觉到从心底涌起的一股暖流，或者说，高敏感人群很容易感受到有调和性的事物。调和性与同理心、温柔、奉献性有关。即使自己不是当事人，通过观察人际关系，也可以感受到当事人的情绪。

- 与店员不经意的对话。
- 看到小朋友健康快乐玩耍的样子。
- 被面带微笑的人打招呼。
- 感受到细微的照顾。

这样的经历，能让他们的心灵得到安定和放松。不要去接近那些难相处的人，只要去那些笑得灿烂的人聚集的地方，就能创造一个容易让人感到心灵富足的环境。

32

总是考虑很多事情

不能好好休息的人，脑子里想的都是现在没有完成的工作。简单地说，这是一种"贪婪的思维"。

想在工作时休息，休息的时候又会觉得休息的时间很浪费，必须要工作、学习，会觉得自己在休息的时候被别人甩开了一大截。害怕损失，我们认为这是损失回避法则在起作用。

有研究结果表明，比起忙碌工作一整天的人，一天当中有一半时间都在休息的人取得的工作成果是前者的4倍。休息的时候也会想事情，或者用手机查资料，让大脑没有休息的时间。大脑的疲劳就变成了慢性疲劳状态，无法在开启和关闭之间进行切换。

就像发烧的时候行动也不会有好结果一样，在精神疲惫、焦虑不安的状态下思考问题，也只会想到悲观的事情。

如果你想为将来考虑，那就先恢复身心健康再去做吧。如果是睡眠不足的状态，最好在好好睡一觉之后再考虑。如果是肚子饿了，最好先吃饱再考虑。

33

没法好好休息

来消息

明天出去玩吧~

呜哇……

是不很喜欢
的人发来了
邀请……
但是……

来消息

抱歉，
明天已经有约会了！

好
嘞
!!

明天可是我
为了让自己
放松制定的
特别休息日！

我得忙着
和我自己
玩呢~

休息的诀窍是享受自己的时间。社会上流行着精进意识、效率意识。但是，这只是多样性中的一种。如果你喜欢做菜，那么好好享受烹饪就是最棒的休息方式。

如果不擅长休息的话，我建议你从平时开始就把休息规则化，每周抽出一天没有任何安排的日子作为休息日。想休息的时候就躺在沙发上，如果感到寂寞的话就一个人出去走走，去想去的咖啡店听听声音也不错吧。

遵守与他人的约定也会让人感到有压力，没有安排的日子可以让你不去想第二天的事情，更容易入睡。

另外，休息不仅要花时间，也要花钱。例如，去做美容，在消除压力的同时还能期待美容效果。与其忍耐到精神崩溃，不如定期给自己制定奖励计划，这样更能提高工作效率。最重要的是，这是储备生活能量的好方式。如果你不喜欢花钱，那就先制定预算。通过制定规则，可以做好心理准备，抑制罪恶感。

34

常常削减自己的睡眠时间

得赶紧做饭……

我回来了!诶!已经晚上九点了!

边吃饭边学习……

泡完澡之后看晚间新闻……读会儿书……然后睡觉……

我说啊,你没事儿吧?从开始工作到现在一点都没有动诶?

发呆

第二天

你看起来很累诶……

睡眠时间最优先!

最近每天都太忙了,没怎么好好睡觉……

头晕 眼花

106

睡眠可以改善大脑和身体的机能。顶尖运动员也在努力延长睡眠时间。并且很多研究结果都表明，保证充足的睡眠时间，有助于大脑和身体的各项活动。

加班 3 小时，21 点回家。在这种情况下，你是否还会继续努力学习或做一些帮助自我成长的事情呢？其实这样做会超过你承受的极限。从科学的角度来说，会导致工作效率下降。

比起这样，疲惫的日子里不如早点睡吧。如果想学习的话，为了确保学习时间，应该减少不必要的工作和加班。

有人会因为害怕第二天的工作，焦虑不安而睡不着觉。也有人会觉得睡觉太浪费时间了。但是，睡眠不足不仅会使大脑运转迟缓，还会让人感到更加不安。造成注意力不集中，工作失误增加，工作强度会进一步加大，形成恶性循环。

不用那么勉强自己也没关系。睡眠对人来说很重要，如果努力到影响睡眠，神经高度紧张，那就"超过极限"了。现在正是讨论不用过于努力的方法的契机。

35

被人帮助是很逊的事吗

有一段时间，我认为：承认自己的弱点，接受别人的帮助是不对的。人是追求优势的动物，得到别人的帮助就是放弃优势，所以我很难对别人说"请帮帮我"。

在换了好几次工作，精神状态变得很差的时候，我想"要试着让自己放轻松一点"。那时我才意识到"啊，也许是自我要求太高了""一直以为自己是无所不能的人"。

后来我意识到，我只是个凡人。我只要像凡人一样竭尽全力就可以了，于是就可以轻松地向别人求助了。我在感到烦恼时请别人倾听，遇到困难时坦率地请求别人的帮助。即使勉强自己努力往上爬，那也是虚荣心造成的，是虚荣的自己。

根据自己的能力做出现实的判断，选择适合自己的生活方式。在别人的帮助下成长，也有反过来帮助别人的时候。我有一个非常尊敬的比我大 10 岁的朋友，他总是在我有困难的时候帮助我，还会请我吃饭。当我向他表示感谢时，他说："以后，等你成长了，到时候就轮到你像这样对有困难的人伸出援手了。"这个建议至今仍在我心中回响。

36

不擅长效率化

现代人的时间总是不够用。

扫地机器人

等等等等……

带干燥功能的洗衣机

所以全自动家电真的太好用了!

之后

在咖喱煮好的时间里。

等着就可以了!

咕咕

味道好香~

一边闻着咖喱的香味,

一边简单地收拾一下家里。

剩下的时间就可以慢慢读书啦!

咕嘟咕嘟

期待

好喜欢这样的时间安排!

现在很流行全自动家电，打扫工作可以交给扫地机器人，烹饪时只需要按一个按钮，剩下的工作就交给烹饪家电。这些全自动家电是生活在当下的忙碌的人们不可缺少的工具。

提高效率是件很棒的事情，如果这样能让你感到轻松的话，就应该积极采取这些方法。当你做最喜欢的事情和那些让你做起来忘记时间流逝的事情时，也就不需要这些效率化的东西帮忙了。

比如，喜欢做饭的人在做饭的时候很享受。当然，吃饭也是一种别样享受。这样的人虽然不用烹饪家电，但充分享受了自己做喜欢的食物的过程。

读书也是一件很棒的事情。有数据显示，在读书上花费时间和金钱多的人，年收基本都很高。他们不会采用千篇一律的阅读方式，喜欢的小说会读几遍几十遍，为了读到自己最喜欢的一句话，可以把这本书从头再读一遍。

我也会在出门前花很长时间挑选衣服。有时会花 10 分钟以上思考，虽然那段时间的效率很低，但也是能让我感到兴奋的时间。

不要追求效率，试着享受地利用能够让你感到兴奋的时间吧。

37

被焦躁、烦闷的情绪支配

如果感到烦躁、郁闷，就用幸福激素——后叶催产素来解决吧。后叶催产素作为神经递质，可以降低压力激素的浓度，缓解焦虑。以下行为可以促进后叶催产素的分泌：

- 与人的联系和交流，以及拥抱、牵手等肢体接触；
- 做按摩，头部 spa 等；
- 像孩童时代那样互相嬉戏，互相打闹。

另外，多接触大自然，多在绿意盎然的环境中生活，也会降低压力激素的产生。另外，接触大自然时自然而然地就会伴有轻微的运动，运动也能达到很好的放松效果。

用手机查资料，会看到很多无用信息，大脑会持续活动而处于疲劳状态，这样一来人的行动力和热情就会下降。网络虽然方便，但刺激性强，会让人收集到很多不必要的信息。因此，减少和网络接触的时间，多给自己留一些不需要思考只是发呆的时间，这样就能养成良好的休息习惯。

38 对追求更好感到疲劳

极简主义好酷!

好憧憬这样简单的房间!

我也朝着极简主义风格努努力吧!

从哪里开始收拾好呢?

但我的房间里摆满了我喜欢的可爱的东西诶……

看来,我不是很适合极简主义这个风格。

可能有人会觉得降低生活品质是不可能的，但每个人幸福的形式都不一样。

我总觉得现在的时代有一种风潮，认为追求较高品质的生活需求就是好。但其实品质的高低不代表好或坏，而是多样性之一。年收入几千万日元的上市公司的精英职员在40岁退休后移居乡下，选择回归田园的生活。这也是幸福的一种形式。

品质高并不一定"让你感到幸福"。也有人觉得"不必那么完美，追求自己认为的幸福就好了。"

大家听说过"极简主义"这个词吗？只持有最小限度的东西，以最小限度的需求完成某件事。极简主义从字面理解为没有多余的东西会让人生活得更轻松，展现出了生活多样性的一种。

但是，与极简主义相反的是精致主义。

精致主义者的想法是"在喜欢的东西和有品质的氛围

下生活"。无论是好是坏，容易受到情绪影响的高敏感人群，只要生活在自己认为舒服的氛围时就很容易感到幸福。可以是一些收藏品，也可以是其他东西。

我喜欢时尚，所以拥有比别人多一倍的衣服。有一段时间，我一边攒钱买衣服，一边喝威士忌，很享受这种无聊的过程。

以上这些生活的形式，可以让各种各样的人知道并了解自己想要的生活方式。既然有这种让人感到幸福的形式，那我们也有权利使用自己的时间去感受自己认为幸福的时刻。"品质高就是好"，这样的想法是世俗的眼光，也许不是你想要的幸福。

收集喜欢的东西，累了就躺下，不要只读高深的书，也可以多读些漫画。如果能接受这样的想法，心里不就松了一口气了吗？

不要什么都想试试看，要试着抱着"这个不行就算了吧"的想法。

Chapter

4

变得喜欢
自己的方法

39

对自己严苛

高敏感人群中有些人的自我肯定感很低，无法认同现在的自己。当然，我们不能断言"高敏感人群＝自我肯定感低人群"，但可以认为自我肯定感低的人应该是没有受到良好环境的影响。

对别人明明可以很宽容，对自己却出奇地严格。即使是筋疲力尽的日子，也会有"别人都在努力，我也要努力"的想法。就像身边一直有一位性格不合的上司在盯着自己一样。

这种时候，你就像对待朋友一样，对自己的心说话吧。如果你的朋友很累，你可能会对他说"没事吧？要不今天休息一下吧？"请对自己也这样做！

你肯定不会对疲惫的朋友说："你已经累了吗？完全没有努力啊！"如此严格地要求自己，这也可以说是一种自我折磨的行为。

如果你总是以上司的眼光看待自己，那就成为理想的上司吧。如果能温柔地对待别人，那么也请温柔地对待自己。不要否定疲惫和烦恼，要承认它们。

40

不自觉地变得悲观

听自己说的话最多的是自己，如果总是说消极的话，大脑就会被欺骗，思考倾向也会产生偏差。如果想要好好爱自己，就养成对自己使用温和、积极的语言习惯吧。

希望使用的语言如下所示：

- 干得好，你已经很努力了。
- 辛苦了，累了吧，努力了就好。
- 总会有办法的，失败了也没关系。

在心里和自己对话，自我对话也是很有效的。一流的运动员会在心中默念积极的话语，控制自己紧张的内心。

另外，因为是语言，声音音调和状态的变化也是重点。提高尾音、在心中以精神饱满的状态发言，有助于自我精神控制。

41 总是受挫

在目标和责任中，我们有时会感到筋疲力尽。

我常常收到高敏感人群学习护理专业的学生寄来的信件。他们一直以来都憧憬着当一名护士。但自己到了护士学校学习之后发现并不适合自己。每天都感到很痛苦，不知道今后该怎么办。这时不要把问题看作是"挫折"，而是思考"对策"，这样自己的内心就可以得到释怀。

例如，即使取得了护士资格证，也不代表就一定要成为护士。把这些知识用在家人和身边的人身上也很好。当然，也可以用来保护自己的健康。

如果想要帮助别人，也可以找护士以外的工作。几乎所有的工作都能帮助别人，也许一个发型就能帮助不受欢迎的男生。像这样，有了其他的目标作为替代方案，就没有必要烦恼了。

坂本龙马有一句名言："人生在世道路不止一条，有千千万万条。"因此，我们要在日常生活中就养成思考对策的习惯，要保持思考的积极性。不要有偏见，多和与自己生活方式完全不同的人交谈，你会获得启发和灵感。

42

无论如何都不想被干涉的事物

回家之后马上换上舒适的衣服。

开一罐冰啤酒和自己干杯!

手叉腰

看电视放松放松。

你是否也有不愿被人指手画脚，拥有自己独特的偏好的事物？它可能是你的兴趣，也可能是你一年体验一次的乐趣。

很多情况下，这样的事物可能会被人认为和对你的印象不符。也可能被人嘲笑说："你又在收集这些东西？"如果那是对你来说很重要的东西，就没有必要特意告诉别人，也没有必要在社交网络上大肆宣扬。如果是你真正想做的事，你也有不听别人意见和建议的自由。

我对时尚很感兴趣，喜欢穿各种各样的衣服。有一次我穿了件宽松版的条纹款衣服，被我的朋友说"像睡衣"。如果我和那个朋友出去买衣服的话，他一定会阻止我买我想买的衣服，那样的话不如我一个人购物更能享受。

<u>不要为了其他人改变那些你不想被干涉的事情。如果在意面子，只要出门在外的时候整理好自己的形象就够了。</u>不必让自己家里和你的脑海中都被他人的意见占满。如果你平时是个很严肃的人，但在家里只想穿一条内裤，这种状态也是可以的。

○○○@○△×763

今天和朋友一起去吃了好吃的面包。羊角包特别松软，特别好吃！

就这样上传吧……

哈哈

又在网上发一些小事儿呢?

啊——

对哦，我重新刷了第一部到第三部才来看的！

今天的主菜可是这个！

ハ梆ーン

金属僵尸4

这可是b级僵尸片呢~

紧张——期待—

你也不好和别人说自己喜欢这个吧~

"不能有秘密"。很多人都认为自己必须表里如一地生活，特别是做事认真，为人诚实的人这种倾向性更强。

没有必要对别人表露自己的全部，虽然自我表露有加深人际关系的效果，但并不需要一开始就展示自己的全部，要循序渐进。例如，有些人的兴趣与自己的形象相差甚远。说起来我在外也给人一种老实的印象，不过却非常喜欢听激烈的音乐，爱穿皮草类的衣服，这有什么关系呢！

<u>在自己能承担责任的范围内，人的兴趣爱好是自由的。</u>平时吃得少的人，偶尔爆吃甜点也没关系。男性喜欢收集布偶，女性喜欢制作塑料模型也没关系。如果只是为了缓解压力，那就果断地去做吧。

只要你做了和外界想象不一样的事情，就一定会有人否定。那是无法承认人性格多样性、无法摆脱偏见的人。与其被这些人攻击，不如对可以信赖的伙伴以外的人都保守秘密。你不可能了解朋友的全部，也没有必要让他们知道你的全部。<u>为了保护自己，有秘密也没关系。</u>

44

自卑情结

128

每个人都有弱点，那或许是自卑感，又或许是不想成为话题的回忆。

害怕暴露弱点，是因为害怕弱点受到攻击而伤害到自己。在保护自己的弱点时，就会因为不安而变得具有攻击性和防御性。

在学生时代，我因为头发乱而感到很自卑。为了遮住这一头乱发，我留了像飞机头一样的发型，反而让我更显眼。一旦有人嘲笑我的发型，我就会拼命否定、反驳。

如果那个时候我能大方地承认，说"我的头发总是乱乱的，我正在为此感到烦恼呢"。像这样当作烦恼来回答会怎么样，是不是就不会变得有攻击性，甚至会有人给我建议呢？

<u>一旦承认了自己的弱点，无论别人说什么，自己都只会觉得"是这样啊"</u>。不是所有人都是带着敌意指出你的问题，也有些人只是为了找个话题随口问一下而已。

当你发现别人的反应并不如你所愿时，你就会下意识地认为别人在说你的弱点，而所谓的"弱点"只不过是自己的臆想罢了。

45

自己的优先顺序很低

最近，
我好像……

没办法为别人的幸福感到开心了。

一直以来我都觉得"别人的幸福就是我的幸福"，而且一直都是这样过来的。

"幸福"是什么

不如说很生气

但是，现在无法对不是"我"的，他人的幸福产生共情！

呜呜

现在不是考虑他人的时候了……

好讨厌这样想的自己。

自己不幸福的话也无法让别人变得幸福！

啊！不行了！我要休息！

要把自己放在第一位，第二位是家人和重要的人，朋友和同事放在这之后！

"他人的幸福就是自己的幸福""他人比自己更重要",你是否有这样的想法呢?

的确,帮助他人是一件令人心情愉快的事情。这是因为在帮助对方时让自己感受到成就感,自己的价值得到认可。但是,当我们为了他人的幸福而去帮助他时,如果那个人没有感谢我们,我们就会变得很郁闷。比如,给别人让座,觉得为他人好而提一些意见时,有的人会生气地说:"你为什么要这么做?"这时你的好心情就会荡然无存,郁闷的心情无处安放。

<u>人生有优先顺序:1 是自己,2 是家人和重要的人,3 是熟人、朋友、同事等,排在这之后的就是别人。</u>自己没得救,自然也无法帮助别人。如果自己都满身疮痍了还去帮助别人,被帮助的人也会感到愧疚和罪恶感。帮助别人是很难的,而且是非常敏感的行为。

因此没有必要为了帮助家人而牺牲自己,也没有必要为了公司把自己搞得一团糟。给自己留有余地之后,再为家人和公司进行更多的付出,这样才有可能帮助到所有人。

46

难以改变自己

大家在观察自己的时候，是否观察过自己所处的环境和人际关系呢？

或许，自己之所以难以改变，是因为所处环境和人际关系不尽如人意。高敏感人群特别容易受到环境的影响，即使想要改变自己，如果所处环境和人际关系一直不好，改变起来就会觉得很痛苦。

所处环境和人际关系也是自己的一部分，这样想的话如果要改变自己的话，自己的周围环境也要改变。

比如相恋的两个人一开始关系很好，但最近每次见面都吵架，变得束缚对方，无法信任对方。你是否会觉得继续保持这种关系很奇怪，但是因为已经产生感情和惰性而继续交往呢？

恋人和配偶很容易共享彼此的感情，甚至可以说是彼此的一部分。如果把上文描述的恋人关系比喻为手足的话，这就好比手和脚都会动，在走的过程中手本应该摆动起来，却突然收回去了，这种状态，走起来就比较受束缚。

<u>因此，要有把所处环境和人际关系看作是自己的一部分的意识。</u>

47

责备自己

责备自己完全没有好处，因为这是一种不把攻击性的心情、反抗的情绪指向他人，而指向自己的状态。

责备自己会让人失去自信，变得否定自己，无法自由地做自己想做的事。

失去自信就容易产生自卑感，总觉得别人更优秀，无法认同自己的价值，而失去自尊心。

对他人的琐碎意见提心吊胆，变得没有主见，只采纳他人的意见。希望被他人喜欢、认可的心情会增强。最后，因为不安而更加自责。

当然应对能力和决断力也会下降，因为失去自己的意见，也就变得没有个性。本来能不能做姑且不论，有想做的事情是正常的。但是现在就连想做的事情也没有了，变成了没有好奇心和兴趣，失去生存能量的状态。

但是，被认可的欲望却变得更加强烈，迫切想要得到他人的认可。

与其责备自己，不如当场责备别人，与之对立会好过几倍。如果你无法当面对抗，那就逃避，采取离开对方的行动也是一种对立。

另外，如果无法逃避，就抱怨几句吧。抱怨也是攻击性心理和反抗心理的表现。找个地方排解自己的心情，才能消除心中的郁闷。

人生中，总有那种不是任何人的责任，只是运气不好的时候。无论怎样人都不能放弃自己，讨厌自己、责备自己的状态，就好像在和你最讨厌的人一起玩两人三足。我们在内心的某个地方会有个声音否定自己，其实只是想要得到帮助。

如果你一直以来都在责备自己，那样的每一天都太痛苦了，从现在开始就原谅自己吧。原谅自己的诀窍就是站在时间轴上思考。

这么久的痛苦已经足够了，今后可以放轻松一点，按照自己的风格前进。试着去做些稍微想做的事，这样的心情是原谅自己的第一步。

Chapter

5

逃离自我牺牲的方法

身边都是我
喜欢的人!

而且我也能
做我想做的
事情!

48

想被人喜欢，扮演一个『好人』

你有没有因为想要被人喜欢而勉强自己帮助别人呢？就像明明没有多少钱却要请客吃饭，明明自己在烦恼却还要倾听别人的烦恼一样。事实上，并不是当"好人"就会招人喜欢。

我经常以搞笑艺人举例子。他们中有人会做出很过分的行为，明明是重要的工作却因为迟到而放弃，赚来的钱一分钱也不存，全部用在玩乐上。但是，他们会在演出节目时把这些变成笑点讲给观众，而被观众喜欢。

人喜欢另一个人的理由之一就是"人情味"。即使失败，即使感动得大哭……这种"人情味"会成为魅力，被人喜爱。

为了被人喜欢而表演的话就没有终点了。因为如果不扮演那个角色就不会被爱。

真正关系好的人，即使你不请他吃饭，不会一天到晚和他聊天，也能维持良好的关系。那是因为对方感受到你真实的魅力。每个人都有合适自己和不合适自己的交往方式。初次见面就觉得讨厌那个人也是正常的。

不要让所有人都喜欢你，只要珍惜对你重要的人就足够了。

49

总是优先考虑别人

回想起来自己好像一直在优先考虑别人。旅游选择恋人想去的地方，因为加班而取消自己的计划。总是优先考虑别人的话，会被人认为是方便利用的人。

如果这不是你的真实想法，那么你一定会在某个时刻感到不快。因为不能从心底享受，所以总觉得这段关系有点别扭。内心深处也会留下抵触情绪，而且忍耐自己的真实想法并不会让对方高兴。

忍耐也是自我牺牲的一种。<u>你是否深信只要自己忍耐一下，周围的人就会高兴，事情就会顺利进行？</u>而且，你是否认为忍耐的我是在为大家着想呢？

实际上并非如此，任何人都无法了解他人的内心。即使是恋人或配偶，也不可能完全了解你的心情。那些你真正想做的事、心中的郁闷，只有用语言表达出来才可能被人察觉。

"挺好的"这句话的背后是否隐藏着"其实我不喜欢"呢？<u>在优先考虑对方的时候，也要试着把自己的真实想法告诉对方。这样一来，既尊重了对方，也不会在自己心中留下不快。</u>

50

常常苦恼于人际关系

如果因为人际关系而烦恼，就重新审视被动和主动的平衡吧。

　　被动就是被选择，主动就是自己积极地参与和选择。总的来说，被动比例高的人更容易为人际关系而烦恼。

　　因为如果是被动的，就无法选择对方，就有可能会有你不喜欢的人靠近你，或者邀请你参加无趣的聚会。即便被邀请而勉强参加了，到现场后，要么被孤立，要么在一旁赔笑，就这样不开心地度过半天。

　　即使知道自己被邀请只是为了凑人数，也要参加聚会，这种行为就是一种自我牺牲。

　　反之，以你为中心邀请他人的话，你就能选择邀请什么样的人。你可以邀请自己想交流的人，也可以做自己想做的事，更没必要去不喜欢的料理店聚餐。如果你一直以来都是被动参加的，那就试着增加一点主动邀请吧。

　　请马上查看手机的通讯录，如果现在有想聊天的人，就约那个人一起去吃饭吧。越是平时主动邀请别人的人，越能体会邀请别人有多么辛苦。他应该会对你说"谢谢你邀请我"。

51

不要再贱卖自己了

贱卖自己也是绝对不能做的自我牺牲之一。不管什么事都欣然接受，明明是要收钱的事却免费做了，随口答应加班，像这样贱卖自己的例子有很多很多。最近，甚至有个朋友拜托我说："你能不能帮我把这个在跳蚤市场卖了啊。"

贱卖自己，会被人认为这就是你的合理价格。先降价再提价，这是很困难的。就像你在买想要的东西的时候，店家突然涨价的话你会觉得无法接受吧。

在与人亲近，对他人的烦恼感同身受的高敏感人群中，有很多人是不会拒绝的。在帮助别人的过程中，自己的时间和精力也会被剥夺，会变得精疲力竭。因此，有必要规定次数，或者明确告诉对方"只有这次"，让对方觉得请你帮忙不是理所当然的。

在社交网络上，公开帮助别人也要注意。因为你公开帮助了谁，看到的人可能会说"也帮帮我吧"，然后像这样需要帮助的人蜂拥而至。所以，帮助人一定要小心谨慎，在自己有余力的情况下再帮助他人吧。

52

常被人咨询

146

被人咨询是对方对你感到信任的证明。"这个人会倾听我说话"、"这个人能理解我的心情",这样想的话,人就会自我表露。这本身是一件很美好的事情,但光听咨询人输出坏情绪的话会让人很疲惫吧。

高敏感人群有容易产生共鸣的特点,其实很多咨询内容都是烦恼。把烦恼当成自己的事,让自己变得悲伤和痛苦,很容易产生共情疲劳。例如,心理咨询师这样的工作很容易引发共情疲劳。因为共情是工作的前提,所以心理咨询师会学习压力控制和压力的自我关怀。但是,你并没有学过专业知识,因此感到疲劳是理所当然的。

如果觉得被人咨询很为难的话,可以考虑为对方介绍能够解决问题的窗口。好比有人溺水,不是自己帮忙,而是寻找会游泳的人。如果是找工作方面的咨询,可以告诉对方风评比较好的求职网站。

关于自我表露,如果被告知了过于刺激的事情的话听者也会受到打击。所以不要只有两个人,而是三个人一起商量,不要自己一个人承担。多数人一起商量的话,即使产生共情疲劳,也可以寻求他人的帮助。

53

想一些能够帮助他人的方法吧

帮助别人有很多方法，用你擅长的方法帮助别人，负担就会减轻。

一个有献身精神的人，无论发生什么事都想要给予一些帮助，看到别人需要帮助不会置之不理。如果在网上看到朋友讲述自己的烦恼，就会不由自主地要提供帮助。但如果你没钱还请他吃饭，只会两败俱伤。

更进一步说，对方的烦恼决定了你能否帮助到他。

例如，医生可以直接帮助生病的人，而没有医师执照的人是不能随便给人治疗的。但是，你可以帮他做饭，为他擦身，在一旁照顾他。

善于倾听的人可以倾听对方的烦恼，如果你手头宽裕，请吃饭或许也不错。如果你是喜欢烹饪的人，可以用美食给无精打采的人打气。

当你想要帮助别人的时候，考虑一下以自己的能力该如何帮助别人，你就会感到安心。了解自己的能力范围，对帮助他人至关重要。

54

常被人拜托帮忙

非常遗憾的是，世界上有些人会利用别人，他们通常：

- 支配性、否定性、攻击性；
- "既然我们是朋友，这样做是理所当然的"（情感恐吓）；
- 瞧不起别人，通过利用别人获得快感；
- 想要夺取你的钱财、劳动、时间。

高敏感人群中常常会有人待人亲切，想要帮助别人，有时甚至牺牲自己也要给别人提供帮助。

但是，有些狡猾的人会仔细观察四周，他们会接近善良的、性格好的人，用花言巧语欺骗这些人。这种狡猾的人通常会表面对你积极热情，时间久了就开始把自己的工作都推给你来做。

人际关系是靠着付出和回报的平衡关系成立的。如果你帮助了某人，那么他也会反过来帮助你。通过帮助解决你的危机，你们之前的付出和回报的关系才能得到平衡。

如果收到了礼物，就要还别的礼物回去。如果被人热情地对待了就要还以感谢的话语。但是那些狡猾的人却不会做这些理所应当的事。

比方说你觉得无所谓，答应了加班。狡猾的人就会认定你是个只要拜托就会留下来加班的人。之后就会频繁地拜托你加班，但从不会想要替你加班。这样说的话就很好懂了吧。

狡猾的人会靠第一印象判断对方是否可以利用，除了外表，谈话的内容、口头禅之类的也会成为判断标准，一旦判断你是可以利用的人就会马上接近你。

你是否因为不想被人讨厌，而讲一些讨别人开心的话？你是否总是一见面就对他人抱有好感，夸奖他人，甚至贬低自己抬高他人呢？

尤其是要注意不要在他人面前贬低自己，狡猾的人会注意到你这样做时身上散发出的劣等感，而利用你的。

应对不安的方法

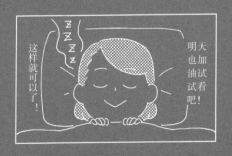

55

内心充满不安

每个人都希望自己的不安能消失，但实际上不安并不会消失。无论在什么样的职场，和什么样的人交往，都会产生不安。不安不是要消失的东西，而是要共享的东西。

　　因为在任何地方都会有不安，所以如何应对各种不安更重要。面对不安，"可以这样做吧""可以商量吗"的声音越多，不安的心情就会变得越轻。

　　请想象一下去旅行时，可能会因为忘记带某样东西而感到不安吧？但如果是在路上可以买到的东西，不安就会减少。在国内旅行的话，几乎所有的地方都有便利店、药店和超市。只要有钱，总能应付。

　　就好像如果有可以依靠的恋人或朋友的话，无论在哪里都能有人帮你想办法解决。

　　关注每一件不安的事是没有尽头的，不要"对方说××就回复××"，而是遇到困难了就找人商量。是不是只要这么想，心情就会变得轻松呢？

56

不要轻视小小的不安

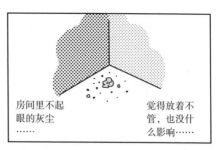

房间里不起眼的灰尘……

觉得放着不管，也没什么影响……

不知不觉间就堆了很多，

哇！！

后悔自己没有早点收拾。

小小的不安也是这样，觉得麻烦放着不管的话……

不安

先别管了吧！

就会变成让人后悔的严重的事情。

什么时候变成这样了？

不安

不安

不安

烦躁

早点收拾才是上策！

虽说要和不安共存，但琐碎的不安还是少一些比较好。<u>事实上，小的压力持续下去也会变成大压力。不安也是一样，就像喉咙卡了一根鱼刺一样难免让人在意。</u>

- 必须要预约饭店。
- 必须写文件上交。
- 电饭锅不好用，有时不能设置定时。
- 有时忘记家里门锁没锁。

要打电话的话就早点打电话吧；文件也是一样，能早处理就早处理；家电出了故障，要尽快修理或更换。如果是爱操心的人，就应该采取能确认其担心内容的方法。如果是总担心忘带家里的钥匙，可以考虑安装智能锁等。

琐碎的不安就像掉在家里的垃圾一样，太多的话，脑子里就会被充满，很难去想其他的事情。

57

容易对某些事物产生依赖

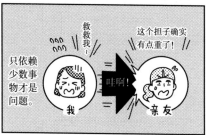

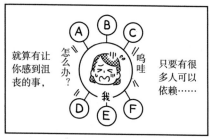

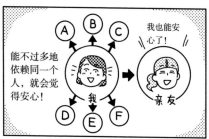

158

人没有强大到可以一个人生存，依赖一些人或事物，互相帮助生活会更轻松。

前提是，不是不好的依赖，比如以下的几个例子。

- 只依赖特定的人，总有一天对方会离你而去。
- 因为需要对方，就束缚、支配对方。
- 暴饮暴食，依赖酒精等对身体有害的东西。

为了不变成这样，需要分散依赖的事物。如果只和家人抱怨工作上的不如意，家人也会感到疲惫。如果能够向20~30个人抱怨，就会减轻给每个人带来的疲惫感了。

另外，也可以有"如果工作失误了，就给自己买个喜欢的蛋糕吃吧"这样的想法。多拥有几个可以依赖的事物，让自己的心安定下来吧。

58

积攒情绪

情绪一旦积攒起来，就容易变成责备自己的素材，认为是自己不好。适当地宣泄情绪是必要的。所以人需要抱怨和倾诉。

也许有人认为抱怨是不好的，但那是比较过分的情况，不是抱怨而是讲坏话。

抱怨并不一定是在说谁的坏话。比如，今天的工作很忙，感觉又热又累，这种事也就是抱怨。抱怨如果不被讲出来，积攒起来就会变成沉重的负担。而且闲聊级别的抱怨，就能解决一些小事，听的人也不会觉得累。

<u>对生活有精神洁癖的人会固执地追求理想形象，不能做这个，不能做那个。如果什么都束缚自己，最后就会把所有的坏情绪都发泄到自己身上。</u>

想哭的时候就哭是很正常的，因为别人对自己做了不讲理的事生气是理所当然的，表现出喜怒哀乐是人之常情。即使别人让你不要哭，你的眼泪也不会因为这一句话就止住。坦诚面对自己的情绪，才更容易肯定自己。

59

因为觉得不安而草率行动

之前跳槽的时候……

现在的公司太忙了，快点，总之要快点换个工作！

但是一直没有合适的！

这个离家近，反正先投个简历试试吧……

翻找

结果和跳槽去的公司业务内容不符合，很快也辞职了

现在还在为当时那么着急就决定从那家公司离职而后悔呢~

？

嗯~

条件和同事都不如之前的那家公司……

现在想想，解决方案明明有很多……比如趁着辞职这段时间出去旅个游……

跳槽对自己来说是个很大的变化……不能太着急了！

人在感到不安的时候，为了安心，会不知不觉地做出一些自己平时不会做的行为，最终导致失败。

以单相思举例可能更容易理解。

假设你喜欢的人没有回信息，你会变得非常不安吧。"我是不是被讨厌了？""是不是以后都不会联系我了？"为了解决这种不安，就会催促对方回信息。如果对方收到催促，当然会讨厌你。

为了避免这种情况发生，用别的事情来抑制自己的不安吧。就算是小的行动也没关系，可以去散散步转换一下心情，也可以向身边的朋友问："他还没有给我回信，你怎么想？"，和朋友商量一下对策。

通过其他方式获得安心，就会恢复冷静，就会觉得"啊，还好我当时没有采取那个行动"。

工作上也是如此，在找工作的过程中，因为无法确定工作而感到不安，就去应聘平时几乎不会做的工作。虽然可以得到暂时的安心，但是开始工作之后就会后悔。<u>为了缓解不安的心情，采取一些小的行动让自己冷静下来吧。</u>

60

害怕变化

颤抖

颤抖

私下里过得很充实很快乐，但是工作很辛苦……

虽然私下里可以吃自己喜欢的巧克力，有听我抱怨的朋友，

吃喜欢的食物	＋30
和朋友闲聊	＋30
读书	＋40
幸福度总分	100

还可以读书，做很多自己喜欢的事儿……

咚

正负抵消

0!!

但不管你私下里多开心，工作是负100的话，你的幸福度还是0啊！

赶紧放弃那些负面的事物吧！

好!

不然连难得的加分项都变得没有了。

很多人都害怕变化，一旦养成了稳定的习惯，即使是不幸的、痛苦的，也不敢放手。

举工作的例子比较容易理解。

不仅一个月加班 80 个小时，还要面临经常被训斥的情况，这种情况任谁都会感到精神崩溃。但是，由于担心一旦失去这份工作，就再也找不到工作，而迟迟无法下定决心辞职。一边说着"好讨厌，好痛苦"，一边缺乏将想法转换为行动的能量。

只要放下束缚你的东西，你的双手就会变得自由，你就能够采取新的行动。从辛苦的工作中辞职后，就会有"接下来要做什么样的工作呢"的兴奋心情吧。

我们会不由自主地去想正面的事情，想现在的自己身上还需要增加的技能和学习的知识，让自己的人生变得更好。但如果有一项是负 100 分的话，那么无论你怎么努力都是徒劳。首先，试着放弃让你感到痛苦的事情吧。

人际关系也是一样，只要远离负面的支配型的人，就能找到积极的人，以往那种畏怯的关系就会消失。

61

别人的期待反而会变成负担

"不让人高兴的话……""不逗笑别人的话……"，相信有这种想法的人不在少数。但是，人们是因为想笑才和你在一起的吗？

当然，能一起大笑是很美好的事。但是，在不勉强的接触中一起大笑的关系才能长久。如果你勉强自己去回应别人的期待，那就是在演戏。

高敏感人群具有注意到各种事情细节的倾向。在聚会上，你可能会注意到"怎么没人分沙拉啊"，那可能只是因为有时周围的人并不希望你给他们分沙拉，仅此而已。

持续回应别人的期待会很累。明明很累却要面带笑容，明明性格内向却试着变得活泼，真正的你在哪里？

我在公司上班的时候，总是习惯性地被拜托加班，有一天心里感到郁闷，我突然想："他怎么想都无所谓，拒绝不就行了吗？"我尝试着拒绝了那个人以后，那个人就开始拜托别人加班了。

期待终归是别人的希望，不是强制的。

62

常常独自开反省会

大家有没有过睡前独自开反省会或因为害怕明天的到来而睡不着的经历呢？我会有在工作量大的前一天晚上因为不安而睡不着的时候。

　　考虑未来也得不到答案，因为不确定因素太多了。如果能把未来的事情都想象出来，并且能够应对的话，世界上就不会有失败了吧。因为不安，所以烦恼。

　　这种时候，你要下定决心，勇敢面对。因为只有人产生"想要面对"的想法时，才能做出具体的对策。

　　下定决心的诀窍就是要有"竭尽全力去做"的想法。如果不确定因素太多，像"如果……就这么做……"这样的细节对策就会层出不穷。但是，按照自己的方式努力就好了。如果能够觉得"失败了也没办法"，只思考这一件事，就会提高专注力。

　　这听起来像是精神论，但让自己能够下定决心的是决断力而不是忍耐。决断力决定接下来的道路，因为要锁定如何做的方向性。

　　我们任何时候都会想把事情做到最好，毕竟谁都不喜欢失败的滋味。承认自己那一瞬间的努力，并把它托付给未来的自己吧。

63

应对不安的顺序

一旦感到不安，就会马上寻求解决办法。人在疲惫的状态、不冷静的状态下行动，是很容易失败的。实际上，平复不安的心情是有顺序的——首先就是休息。

如果感到不安，人就会感到强烈的压力，考虑很多事情使大脑更加疲劳。大脑一旦疲劳，就会失去欲望和行动力，人的表现力就会下降。

在压力的状态下行动的话，平时能解决的问题也解决不了，所以好好休息是必要的。

关于休息方法，我在第 3 章已经讲过了。

工作处于乱七八糟状态的时候，即使考虑将来的事情，脑袋也转动不起来，想不出来解决方案。还是申请带薪休假，冷静下来之后再考虑未来才是最重要的。如果你感冒了，或者得了什么病，最重要的是先把病治好。

即便如此，在不得不面对不安的时候，还是借助他人的力量吧。正因为自己很虚弱，所以和别人一起思考并得到帮助才是上策。你现在很虚弱。承认那个虚弱的自己才是解决不安的第一步。

64

害怕失败

在蹚污水的时候，就算走得很小心。

小心翼翼

小心翼翼

诶？

明明走得很小心！

结果还是会被溅上泥。

反正也会弄脏的！

冒冒失失

失败也是一样的，只要想着绝对会失败的话……

冒冒失失

哎呀哎呀，赶紧过去吧！

就能不害怕失败地大步向前走。

"如果可以的话，我真不想失败"，这样想是很正常的。但是谁都会失败，没有谁的人生会不经历失败吧。

确实，如果能提前做好准备就再好不过了，但是这样的人只是极少数的天才。我们要以失败为前提，在失败中保持前进。

以失败为前提，就不会害怕失败，而且从失败中也能学到很多东西。比如，小时候反复失败，就能从失败中获得应对能力。如果能学会努力以外的应对方式，进入社会后就不会被逼到绝境。

我建议大家"满身泥泞地生活"。如果觉得失败几次都无所谓，心情是不是就会稍微放松一些呢？因为总是想象着自己是不会失败的胜利状态，就会害怕失败。

如果有就算自己全身是泥也能继续前进的心态的话，你就接近自己的目标了。即使努力保持干净，小心翼翼地缓慢前进，泥也会溅到身上，不如一边抱怨着"好脏啊"，一边笑着大步前进吧。

尾声 希望你能够更爱自己

在每天接受大家咨询的过程中，我发现很多人都在自责。把不会对他人展现的敌意转向自己，我认为没有比这更令人悲伤的事了。

如果总被别人牵着鼻子走，就无法选择自己的生存之路。心思细腻是人的个性之一，并不是说心思细腻就不行。

正因为心思细腻，才会注意到不善言辞的配偶的烦恼；才会面对忍着疼痛的患者，握住他的手说"一定很痛吧"；才会对很想出去玩，但因为看别人脸色而待在原地的孩子说"出去玩吧"。

对高敏感人群来说，最重要的是打造一个让心思细腻的自己能得到好评的氛围。

我现在正在为高敏感人群做各种各样的活动，比如公司企划、就业咨询服务，无偿为学校里心思细腻的孩子提供心理辅导等。

有很多人加入了我创办的高敏感人群交友圈，在这里交到了真正的朋友。

正是经历过这样艰难的时刻，我们才更需要帮助和自己特质相似的人。虽然一路上遇到了很多困难，但想到有人因此而获得了帮助，就更加坚定了信心继续往前走。与此同时，我也收到了大家给予我的诸多帮助。

人并没有我们自己想象的那么坚强，把想法都憋在心里的话，只会让自己变得越来越消极，让自己的生活变得越来越艰难。

不要一个人扛着，希望你们能够多与他人沟通和交流，寻求伙伴的帮助和支持，通过这些方法解决自己的烦恼。希望你们能在早上起床时，因为期待今天会遇到的各种事情而感到幸福。正是有这些小小的幸福的积累，才有了大家能感受到的幸福。这样做的话，你会觉得自己好像重生了一样，开始喜欢自己。

我从心底希望你阅读这本书的时候能够解决掉自己的烦恼，哪怕是一点点也好，希望你能够变得更爱自己。

MOU FURIMAWASARERU NO WA YEMERU KOTO NI SHITA

Copyright © Ryota 2022

Original Japanese edition published by SB Creative Corp.

Simplified Chinese translation rights arranged with SB Creative

Corp.,through Shanghai To-Asia Culture Co., Ltd.

北京市版权局著作权合同登记号　图字：01-2023-1826号。

图书在版编目（CIP）数据

我决定，不再受人摆布：高敏感人群摆脱精神内耗
的64个技巧 /（日）凉太著；李东芝译. -- 北京：机
械工业出版社，2024. 6. -- ISBN 978-7-111-75839-6

Ⅰ. B842.6-49

中国国家版本馆CIP数据核字第202406F33Q号

机械工业出版社（北京市百万庄大街22号　邮政编码100037）
策划编辑：刘　岚　　　　　责任编辑：刘　岚
责任校对：王荣庆　李　杉　　责任印制：常天培
北京铭成印刷有限公司印刷
2024年7月第1版第1次印刷
128mm×182mm · 5.5印张 · 69千字
标准书号：ISBN 978-7-111-75839-6
定价：69.80元

电话服务　　　　　　　　　网络服务
客服电话：010-88361066　　机　工　官　网：www.cmpbook.com
　　　　　010-88379833　　机　工　官　博：weibo.com/cmp1952
　　　　　010-68326294　　金　书　网：www.golden-book.com
封底无防伪标均为盗版　机工教育服务网：www.cmpedu.com